AF596923

L'ART
D'ARPENTER,

RÉDUIT

A SA PLUS SIMPLE EXPRESSION,

PAR

H[te] CAUBET, GÉOMÈTRE DE 1re. CLASSE.

Cet Ouvrage, que beaucoup de personnes pourront apppeler l'*Art d'arpenter en deux ou trois leçons*, et que *MM. les Propriétaires, Notaires, Régisseurs et Percepteurs* seront toujours intéressés à connaître, contient les nouvelles mesures et leur conversion en anciennes;

Les règles fondamentales du calcul décimal;

L'Arpentage;

Le moyen de partager les champs et celui d'en régulariser les limites.

A BOURGES,

CHEZ VERMEIL, AU GRAND-BOURDALOUE.

1829.

IMPRIMERIE
DE Mme. Vve. SOUCHOIS ET Compie.,
IMP. DE LA PRÉFECTURE, DE L'ACADÉMIE, ETC.

L'ART D'ARPENTER

RÉDUIT

A SA PLUS SIMPLE EXPRESSION.

MOTIF DE CET OUVRAGE.

Un de mes amis me voyant occupé d'un ouvrage de géométrie pratique, que je me propose de faire paraître dans peu, et qui facilitera singulièrement la levée des plans, me dit qu'il devait exister une infinité d'ouvrages de ce genre, et qu'il craignait que le mien n'eût pas plus de succès que la plupart de ceux dont les auteurs ont vanté l'utilité. Je répondis que cela serait très-possible ; mais que si le mérite en était proportionné au peu de peine qu'il donnerait pour faire acquérir les idées générales qui s'adaptent à toutes les localités, cet ouvrage pourrait être recherché de tous les élèves qui, connaissant la géométrie, désirent en connaître les applications, puisque j'étais certain (par suite de la nouvelle méthode que j'expose) que, dès qu'ils sauraient mesurer et réduire une ligne, observer et rapporter un angle, en moins de quinze jours, ils pourraient dire : Nous n'avons pas la facilité que donne l'habitude ; mais, tout aussi bien qu'un géomètre, nous connaissons le moyen de faire un plan d'une certaine étendue.

Vous promettez beaucoup, dit alors cet ami ; mais, n'en sera-t-il pas de votre Méthode comme des Manuels de géométrie pratique, qui doivent enseigner l'arpentage à tous les lecteurs, et qu'ils ne comprennent que difficilement, sans doute, puisqu'on rencontre si rarement des personnes qui sachent arpenter? Je le crains si peu, répondis-je, que je n'hésiterais pas de publier ce que j'avance. Quant aux Manuels, je crois qu'ils sont en général estimés, et qu'ils présentent, avec beaucoup de clarté, les matières qui y sont traitées; mais leurs auteurs, ayant voulu rappeler tout ce qui était relatif à chaque art, ont dû, dans l'arpentage, exposer toutes les notions géométriques qu'il est bon de connaître avant de se livrer aux applications; et c'est peut-être ce qui dégoûte les propriétaires qui voudraient savoir arpenter sans être obligés de s'occuper de démonstrations.

Si c'est ce motif, il serait facile de les satisfaire en réduisant les ouvrages qui traitent de l'arpentage en un très petit nombre de pages; car je veux, dans moins de deux jours, vous mettre à même d'arpenter, non seulement un carré, mais même une figure quelconque.

Je me suis amusé à rédiger le Traité qui pouvait me mettre à même de convaincre cet ami ; et comme dans le temps prescrit il s'est cru capable d'opérer, j'ai pensé qu'en faisant imprimer ce petit ouvrage, je rendrais service aux propriétaires qui, habitant la campagne, seraient bien aise de pouvoir, par eux-mêmes, connaître la surface de leurs propriétés. Pour leur faciliter le moyen d'exécuter des opérations tout aussi utiles, j'ai joint à l'arpentage quelques principes propres à mettre le lecteur à même de partager des champs et d'en régulariser les limites.

Pour concevoir cet ouvrage, que beaucoup de personnes pourront appeler l'Art d'arpenter en deux ou trois leçons, il ne faut aucune connaissance géométrique ; car il suffit de savoir faire une multiplication, une division, et d'avoir ce qu'on appelle le sens commun.

DES NOUVELLES MESURES

ET DE LEUR VALEUR EN ANCIENNES.

AVANT l'adoption des nouvelles mesures, celles qui étaient usitées variaient à l'infini ; car il existait peu de provinces qui fissent usage des longueurs et des poids des provinces voisines. Cette variété de mesures, entravant les relations sociales, en ce que celui qui connaissait les mesures d'un lieu était souvent étranger à celles d'un autre, fit sentir l'avantage du système métrique, qui réduit ces élémens commerciaux à la plus heureuse uniformité.

Ce système est établi sur une grandeur invariable, puisque c'est celle du quart du méridien du globe terrestre, dont le *mètre*, qui est la base fondamentale des mesures actuelles, n'est que la dix millionnième partie.

Le mètre vaut 3 pieds 11 lignes 296 millièmes. Il se divise en décimètres, centimètres et millimètres.

Le décimètre est la 10e partie du mètre.

Le centimètre, la 100e —

Et le millimètre, la 1000e —

D'où il suit que 6 décimètres, par exemple, valent 60 centimètres ou 600 millimètres, et que, pour exprimer 349 mètres 5 décimètres 8 centimètres 6 millimètres; il n'y a qu'à écrire 349,^{m}586

On appelle centiare un carré dont chaque côté a un mètre de longueur.

Are, ou perche métrique, le carré dont chaque côté a dix mètres ;

Et hectare, un carré dont chaque côté a cent mètres.

L'are vaut 100 mètres carrés, et l'hectare, 10,000 mètres carrés.

Ainsi, si l'on avait 34680 mètres carrés, on aurait 3 hectares 46 ares 80 centiares. Enfin, dans un nombre quelconque de mètres carrés, en comptant de droite à gauche, les deux premiers chiffres sont des centiares, les deux suivans, des ares, et les autres des hectares.

Un des plus grands avantages des nouvelles mesures et du calcul décimal, c'est qu'on peut, à l'inspection d'un nombre, le multiplier et le diviser par 10 ou par 100, etc. En effet, si on a le nombre 11,^{m}964, pour le multiplier par 10, il n'y a qu'à placer la virgule à la suite du nombre suivant, et l'on a 119,^{m}64; pour le multiplier par 100, il ne s'agit que d'avancer la virgule de deux chiffres, et l'on trouve 1196,^{m}4. Pareillement, pour diviser ce dernier nombre par 10, en reculant la virgule d'un chiffre, on trouve 119,^{m}64...

D'après cela, quand dans la table suivante on verra que 8 pieds, par exemple, valent 2,^{m}5997, on verra pareillement que 80 pieds valent 25,^{m}997. Pour concevoir facilement la conversion des mesures, il est très important de se rendre ces opérations familières.

On appelle cube un corps qui a la forme d'un dé à jouer. Relativement à la quantité de matière que renferme ce corps, cette forme peut être variée; mais, quelle qu'elle soit, on appelle *litre* celui dont la capacité est égale à celle d'un cube qui a un décimètre de côté, et *décalitre*, celui qui contient dix litres.

Un poids égal à celui de l'eau qui est contenu dans un litre, se nomme *kilogramme*, et pèse . 2$^{l.}$ 0$^{o.}$ 5$^{g.}$ 35$^{g.}$

Sa 10e. partie *hectogramme*. » 3 2 10

Sa 100e. *décagramme*. » » 2 44

Sa 1000e. *gramme*. » » » 18

Sa 10000e. *décigramme*. » » » 1 8

Le mètre cube de bois se nomme stère, et sa 10e. partie *décistère*.

Réduction des lignes, pouces, pieds et toises en mètres et décimales du mètre.

	LIGNES EN MÈTRES.	POUCES EN MÈTRES.	PIEDS EN MÈTRES.	TOISES EN MÈTRES.
1	0,^{m} 0023	0,^{m} 0270	0,^{m} 3248	1,^{m} 9490
2	0,^{m} 0045	0,^{m} 0541	0,^{m} 6497	3,^{m} 8981
3	0,^{m} 0067	0,^{m} 0812	0,^{m} 9745	5,^{m} 8471
4	0,^{m} 0090	0,^{m} 1083	1,^{m} 2993	7,^{m} 7961
5	0,^{m} 0113	0,^{m} 1354	1,^{m} 6242	9,^{m} 7452
6	0,^{m} 0135	0,^{m} 1624	1,^{m} 9490	11,^{m} 6942
7	0,^{m} 0158	0,^{m} 1895	2,^{m} 2738	13, 6433
8	0,^{m} 0180	0,^{m} 2166	2,^{m} 5987	15.^{m} 5923
9	0,^{m} 0203	0.^{m} 2436	2,^{m} 9235	17,^{m} 5413
10	0,^{m} 0226	0,^{m} 2707	3,^{m} 2484	19,^{m} 4904
11	0,^{m} 0248	0,^{m} 2978	3,^{m} 5732	21,^{m} 4394

Au moyen de cette table on voit, par exemple, que :

4 lignes	valent	0 m.	0 d.	0 c.	9 m.	$\frac{0}{0}$
4 pouces	*id.*	0	1	0	8	$\frac{3}{10}$
4 pieds	*id.*	1	2	9	9	$\frac{4}{10}$
4 toises	*id.*	7	7	9	6	$\frac{1}{10}$

Si on voulait savoir ce que valent 100 toises, on multiplierait 19,4904 par 10, et l'on aurait 194,m 904, etc.

Réduction des mètres en pieds, pouces, lignes et décimales de la ligne.

MÈTRES.	PIEDS.	POUCES.	LIGNES.	
1	3	0	11	296
2	6	1	10	593
3	9	2	9	888
4	12	3	9	184
5	15	4	8	480
6	18	5	7	776
7	21	6	7	072
8	24	7	6	368
9	27	8	5	664
10	30	9	4	960
50	153	11	0	8
100	307	10	1	6

Réduction des décimètres en pieds, pouces et lignes.

DÉCIMÈT.	PIEDS.	POUCES.	LIGNES.	
1	0	3	8	32 | 100e
2	0	7	4	66
3	0	11	0	99
4	1	2	9	32
5	1	6	5	65
6	1	10	1	98
7	2	1	10	31
8	2	5	6	63
9	2	9	2	96
10	3	0	11	29

Réduction des centimètres et millimètres en pouces et lignes.

CENT.	POUCES.	LIGNES.	MILLIM.	LIGNES.
1	0	4,43 | 100e	1	0,44 | 100e
2	0	8,86	2	0,89
3	1	1,30	3	1,33
4	1	5,73	4	1,77
5	1	10,16	5	2,22
6	2	2,61	6	2,66
7	2	7,03	7	3,10
8	2	11,46	8	3,55
9	3	3,90	9	3,99
10	3	8,33	10	4,43

Table pour convertir les toises et pieds carrés en mètres carrés.

	PIEDS CARRÉS EN MÈT. CARRÉS.	TOISES CAR. EN MÈT. CARRÉS.
1	0,1055	3,7987
2	0,2110	7,5975
3	0,3166	11,3962
4	0,4221	15,1950
5	0,5276	18,9937
6	0,6331	22,7925
7	0,7386	26,5912
8	0,8442	30,3899
9	0,9497	34,1887
10	1,0552	37,9874

D'après cette dernière table, pour savoir combien de mètres carrés vaut la perche carrée de 22 pieds de longueur, ou linéaire, on multiplie 22 par 22, et l'on trouve qu'elle contient 484 pieds carrés. Ensuite, ayant dans la table la valeur de 4 pieds qui égalent 0,^{m}4221, en avançant la virgule de deux chiffres, on en fait celle de 400 pieds carrés, qui égalent 42 mèt. carrés 21 c.; de la valeur de 8 pieds on fait celle de 80, qui égalent 8,^{m}44; enfin, trouvant directement la valeur de 4 pieds, qui égalent 0,^{m}422, on ajoute ces trois nombres, comme on le voit ci-dessus, et l'on trouve 51,^{m}07 carrés.

$$\begin{array}{r} 41,^{m}21 \\ 8,^{m}44 \\ 42 \\ \hline 51,^{m}07 \end{array}$$

Cette valeur obtenue, pour avoir celle de l'arpent de 100 perches carrées, on le multiplie par 100, et l'on trouve 5107 mètres carrés, ou 51 ares 07 centiares.

Pour savoir ensuite combien l'hectare contiendrait d'arpens de 51 ares 07 cent., qui est celui dont on se sert pour déterminer en général l'étendue des forêts, on diviserait 10000 par 5107, et l'on trouverait 1 arpent 957, ou 1 arpent 9 dixièmes et demi.

La toise carrée vaut 36 pieds carrés, ou 3^{m}799 carrés. Ainsi, pour obtenir la valeur de la boisselée de 200 toises, il n'y aurait qu'à multiplier 3799 par 200, et l'on trouverait 7 ares 59 cent.

CALCUL DÉCIMAL.

Le calcul décimal est d'autant plus facile, qu'on opère toujours sur les parties fractionnaires comme sur les nombres entiers. En effet, si l'on avait à ajouter

	4 mèt.	2 décim.	56 millim., avec
	36	8	50
	52	3	75
On aurait :	93 mèt.	4 décim.	61 millim.

tout comme si, sans avoir égard à la virgule, l'on n'avait eu qu'à ajouter les nombres,

4,256
36,830
52,375

93,461

Il en serait de même si l'on avait

20 hect.	15 arés	25 cent. à ajouter avec
46	80	17
42	64	36
109 hect.	59 ares	78 cent.

SOUSTRACTION.

Si de	3 mètres	5 décim.	40 millim., on
soustrait	2	7	80
il reste	0 mètres	7 décim.	60 millim.

Deuxième exemple :

de	40 hect.	59 ares	26 cent.
soustraire	31	61	09
	08 hect.	98 ares	17 cent.

MULTIPLICATION.

Si l'on a à multiplier

17 mètres 4 déc.
par 16 9

Il n'y a qu'à opérer comme si l'on avait 174 et 169, ou, pour distinguer les décimales,

```
         17,4 à multiplier
par      16,9
        -----
        156,6
       1044
       174
        -----
et l'on trouve  294,06
```

Mais, comme il faut retrancher autant de chiffres du produit qu'on a de décimales au multiplicande et au multiplicateur, on n'a que 294 mètres carrés 06 centièmes.

Les décimales se séparent toujours par une virgule, comme on le voit dans la multiplication qui suit :

Deuxième exemple :

Si l'on avait à multiplier 328 mèt. 04 cent.

par 17 m. 2 d., on opérerait sur les nombres 32004 et 172, quoiqu'on séparât les décimales.

```
              328,04
                17,2
            ---------
               61608
             229628
             32804
            ---------
et l'on aurait 5642,288
```

ou, en retranchant trois chiffres, à cause des décimales, 56 ares 42 centiares 288 millièmes d'are, fraction qu'on réduit à trois dixièmes, ou qu'on abandonne presque toujours dans l'arpentage.

DIVISION.

Pour diviser 321 mèt. 4 décim. par 32 mètres 5 décim., on opère comme si l'on avait 3214 à diviser par 325, et, comme on le voit ci-dessous, on trouve 9 mètres, et 289 pour reste.

```
 diviseur.     dividende.
  321,4      |  32,5
  292,5      |---------
 --------    |  9,m8 quotient
   2890
   2600
 --------
    290
```

Pour faire disparaître ce reste ou le rendre plus petit, on y ajoute un zéro, et on place une virgule à la droite du chiffre 9 du quotient, pour indiquer qu'on n'obtiendra plus que des parties décimales; cela fait, on continue la division, et l'on trouve 9 mètres 8 décimètres; en ajoutant encore un zéro à 290, on obtiendrait des centimètres, etc.

Deuxième exemple :

A diviser : 1213 mèt. par 13 mèt. 4 déc.

Pour effectuer cette division, comme le dividende et le diviseur doivent contenir le même nombre de décimales, je vois qu'il faut que j'ajoute un zéro à 1213 mètres, et que j'ai à diviser 12130 par 134. Or,

12130	134
1206	90, 5
000700	
670	
30	

Après avoir retranché du dividende le produit de 9 par 134, et avoir trouvé 7 pour reste, je descends le zéro, et j'ai 70. Comme je vois que ce nombre ne peut contenir 134, je place un zéro au quotient, et ensuite un zéro à la suite de 70, ce qui donne 700; je divise ce nombre par 134, et j'ai 5, etc., ou 90 mèt. 5 cent.

ARPENTAGE.

Pour arpenter, il faut être muni d'une chaîne et de dix fiches, d'une équerre d'arpenteur avec son bâton et des jalons.

La chaîne (fig. 1re.) est un instrument en fil de fer, qui a 10 mètres de long; elle est subdivisée en dix parties marquées par des anneaux de cuivre, dont chacune vaut un mètre, et celles-ci sont subdivisées en cinq parties, dont chacune vaut deux décimètres.

Les fiches ne sont autre chose que des piquets en fil de fer, pointus par un bout et recourbés en anneau par l'autre.

L'équerre d'arpenteur (voyez la fig. 2), est en bois ou en cuivre, d'une forme cylindique ou octogonale, et d'un diamètre d'environ deux pouces et demi. Dans tous les cas, elle est divisée par deux lignes verticales et perpendiculaires entr'elles, en quatre parties égales, souvent en huit parties, et alors elle présente une double équerre ; mais, dans l'arpentage, à moins qu'il ne s'agisse de déterminer la distance de quelques points sans la mesurer, on ne vise que par celles qui sont perpendiculaires entr'elles ou qui divisent l'équerre en quatre parties égales.

Les jalons, qui ne sont autre chose que de petites baguettes qu'on fend par le bout, afin d'y placer un morceau de papier, servent à faire distinguer les bornes et à déterminer les directions des lignes que les opérations à exécuter peuvent nécessiter. Mais, avant de nous occuper de cet objet, nous devons prévenir que les figures que nous tracerons sur le papier représenteront celles sur lesquelles nous pourrons avoir à opérer sur le terrain ; que les lignes pleines exprimeront le contour ou les limites de ces figures, et les lignes ponctuées celles qu'on aurait à tracer ou à mesurer ; enfin, que nous nous servirons des lettres de l'alphabet pour désigner les extrémités des lignes, les endroits où elles se rencontrent, et les différentes parties de leur longueur. Ainsi, quand nous dirons les points A, B, ou la ligne A B, sans attacher à ces lettres aucune autre signification, nous aurons seulement en vue de désigner ces points ou la ligne marquée par ces lettres.

Jalonner une ligne. (Fig. 3.)

S'il s'agit de tracer une ligne droite qui aille d'un point A à un autre point B, il faut commencer par placer un jalon à chacun de ces points, ensuite, en se plaçant à deux ou trois pas derrière le jalon A, faire placer d'autres jalons intermédiaires en C, D, de sorte qu'ils soient cachés par le jalon A, quand celui-ci cache le jalon B.

Jalonner une ligne en la parcourant.

Si du point A, (fig. 3), on veut, en allant vers B, jalonner une ligne dans la direction de ce dernier point, on place un jalon en A, et l'on en fait placer un autre en C, dans la direction du point B; ensuite, en parcourant la ligne, on en place un en D, dans la direction de ceux A, C; en E, dans la direction de ceux qui sont en A, C ou D.

Jalonner une ligne dont d'une extrémité on ne peut apercevoir l'autre.

Si, à cause des inégalités du terrain du point A, (fig. 4), on ne pouvait voir le point B, pour jalonner la ligne droite qui passerait par ces deux points, on placerait l'équerre en un point C, d'où ils pourraient être aperçus; on dirigerait une des fentes sur le point B, et, en regardant par la même fente, mais du côté opposé, on examinerait si on apercevrait le point A.

S'il ne pouvait être aperçu, on planterait l'équerre en un autre point E, pour diriger l'une des fentes sur le point B, et voir si elle était dirigée en même temps sur le point A; ainsi de suite, jusqu'à ce qu'en tâtonnant on eût trouvé un point D, tel qu'une des fentes de l'équerre laissât entrevoir les point A, B. Ce point trouvé, on y planterait un jalon, et ensuite on en mettrait d'autres dans la direction de ceux AD ou BD.

Lorsque nous ferons usage de l'équerre pour élever des perpendiculaires, nous supposerons que les lignes sur lesquelles il faudra opérer, seront jalonnées par un des moyens que nous venons d'indiquer, afin de pouvoir de suite planter cet instrument dans la direction des jalons.

MANIÈRE DE MESURER LES LIGNES.

Tous ceux qui ont vu arpenter connaissent déjà le moyen de mesurer les lignes; mais comme c'est une des opérations qui contribue le plus à l'exactitude des travaux, nous allons la développer, afin qu'on puisse connaître toutes les précautions qu'il faut employer pour que cette opération soit bien faite.

Deux personnes sont nécessaires pour mesurer; celle qui marche en avant porte les fiches de la main gauche, passe les quatre doigts de la main droite dans la poignée de la chaîne, et prend une fiche entre les mêmes doigts, de manière que l'anneau soit dans la paume de la main.

Pendant ce temps, le second porte-chaîne où le géomètre passe les quatre doigts de la main droite dans l'autre extrémité de la chaîne, la pose sur le point où doit commencer la mesure, et alligne son aide qui, après avoir tendu la chaîne, plante une fiche aussi verticalement que possible.

Cela fait, en marchant, le premier prend une autre fiche, comme nous venons de le dire, et quand le second rencontre celle qui est plantée, il empoigne l'anneau entre les quatre doigts passés dans la chaîne, et, afin d'avoir assez de force pour résister à l'effort que le premier fait pour la tendre, il appuie la main contre la jambe qu'il place à cet effet bien près de la fiche : ensuite il alligne son aide qui, après avoir tendu la chaîne, plante la seconde fiche; quand elle est plantée, le géomètre relève la sienne, la passe dans la main gauche, et en continuant pour chaque portée, comme il vient d'être dit, ils arrivent au bout de la ligne, où le géomètre compte autant de dixaines de mètres que de fiches, y compris celle qui est plantée; autant de mètres que d'anneaux jaunes, et autant de doubles décimètres que de mailles.

La manière d'effectuer les mesures est fort simple; mais, pour les faire avec précision, il faut une certaine habitude et ne pas perdre de vue, 1°. que la chaîne doit toujours être également tendue, et qu'elle ne doit l'être ni trop, ni trop peu, puisque, dans ce premier cas, on trouverait les lignes trop courtes, et trop longues dans le second;

2°. Que la chaîne doit toujours être de niveau, et qu'à cet effet, quand on mesure en descendant, celui qui marche en avant doit élever l'extrémité qu'il porte et laisser tomber une fiche de cette même extrémité, tenue au niveau de l'extrémité opposée, pour la planter à l'endroit où elle tombe sur le terrain. Pour que cette opération soit faite avec exactitude, les quatre doigts étant dans la poignée, il faut prendre une fiche tout-à-fait par le bout, entre le pouce et l'index, et quand ainsi suspendue elle est verticalement immobile, on la laisse tomber sans lui imprimer aucune espèce de mouvement.

Lorsqu'on mesure en montant, c'est au contraire le second qui doit élever la chaîne pour la rendre de niveau, et la tenir de manière à ce que l'extrémité de la poignée soit verticalement au-dessus de l'anneau de la fiche plantée. Quand on a l'habitude de ce travail, on réussit facilement à placer la chaîne ainsi à vue d'œil : mais je conseillerai toujours de planter le bâton de l'équerre ou une règle ferrée par le bout, à côté de la fiche ; de tenir cette règle verticalement et d'élever la chaîne le long de cette règle. Ce serait même ce qu'il faudrait faire dans toutes les mesures qui exigeraient beaucoup de précision, parce qu'alors on éviterait les erreurs qui résultent de l'inclinaison ou du redressement des fiches plantées.

3°. Enfin, il faut bien faire attention de ne pas s'écarter de la direction des lignes qu'on mesure, et on ne le fera point, si le géomètre a toujours le soin de faire mettre la chaîne dans la direction du but et aussi rigoureusement que possible, particulièrement pour les trois ou quatre premières portées, et si celui qui marche devant se place dans la direction de la fiche plantée et du point de départ.

On peut, pour de petites lignes, mesurer assez droit sans placer des jalons intermédiaires, en remarquant du point de départ, dans la direction de celui où l'on veut aboutir, quelques pieds d'arbre ou quelques touffes d'herbes, et en s'allignant sur ces objets. Mais quand les lignes sont longues, elles doivent être jalonnées, surtout si en mesurant on doit arrêter les distances des parcelles qu'elles traversent. En général, lorsque le terrain est découvert, il suffit de placer les jalons de 30 à 50 mètres de distance les uns des autres, et, pour de petites lignes, d'en placer un à chaque extrémité, et un troisième vers le milieu.

USAGE DE L'ÉQUERRE.

L'ÉQUERRE sert à tracer les lignes toujours perpendiculaires entr'elles, ce qui est facile, puisqu'il n'y a qu'à les jalonner dans la direction des fentes de cet instrument. Ainsi (fig. 5), pour tracer une ligne CD perpendiculaire à AB, il faut placer l'équerre en C sur la direction de cette dernière ligne, diriger la fente OP sur le point B, et faire placer des jalons en V, D, dans la direction de la fente RS.

Pour faire la même opération au point E, pris sur la direction AB, après avoir mis le bâton de l'équerre à ce point, on dirige la fente PO sur le point A : car, pour plus de précision, il faut toujours la diriger sur les jalons les plus éloignés, et ensuite on fait placer des jalons en M, F, dans la direction de la fente RS. Si l'on veut prolonger la ligne FM vers G, sans toucher à l'équerre, il n'y a qu'à faire placer un jalon en G dans la direction de la même fente SR.

Il en serait de même de toute autre perpendiculaire ; mais, comme jusqu'ici elles n'ont été dirigées vers aucun but, tandis que celles qui doivent concourir aux opérations que nécessite l'arpentage doivent être dirigées sur les bornes ou sur différens points des contours sinueux des parcelles, nous allons nous occuper de cet objet.

Si un champ (fig. 6) est limité par une courbe CDEF, il faut la décomposer de manière qu'elle puisse être considérée comme formée de lignes droites. A cet effet, il faut placer des jalons de sept à huit pouces de long, pour qu'on ne puisse pas les confondre avec ceux qui servent à marquer les extrémités des lignes en C, D, E, F, ou plus ou moins rapprochés suivant que les parties CD, DE, EF, présenteront plus ou moins de courbures.

Cette décomposition effectuée, si l'on prend la ligne AB pour base, il faut, sur cette ligne bien jalonnée, élever des perpendiculaires sur les points C, D, E, F, G. Si l'on connaissait la position des points H, M, N, B, d'où elles doivent être élevées, d'après ce qui vient d'être dit, l'opération serait facile ; mais on ne peut trouver ces points qu'en opérant comme il suit :

Pour élever la perpendiculaire sur le point C, on place d'abord l'équerre en un point K, on dirige une des fentes sur le point B, et on examine par l'autre fente si on aperçoit le point C.

Cela n'étant pas, on avance et l'on place l'équerre en L ; on dirige une des fentes de l'équerre sur le point B, et si l'on voit qu'on se soit trop avancé pour que la perpendiculaire passe par le point C, on recule jusqu'à ce que cela ait lieu : il en serait de même pour élever les perpendiculaires aux points D, E, F, G.

Quoique le temps que nécessitent ces perpendiculaires soit perdu pour l'opération, comme celui qui opère doit plus tenir à bien faire qu'à faire vîte, il faut qu'il y mette tout le temps nécessaire, surtout quand ces lignes doivent aboutir à des bornes ou au sommet d'angles très-marquans, comme en F, G, autrement lorsqu'elles ne doivent être dirigées que sur des points D, E, pris sur des courbes, presque droites; on ne doit pas tenir à la même exactitude; car une différence de trois ou quatre décimètres n'influerait pas sur la contenance.

A proportion qu'on élève les perpendiculaires, il faut mesurer leur longueur et leur distance entr'elles; ainsi, après avoir trouvé la position du point H, il faudrait mesurer de A en H, et ensuite de H en C : de H, il faudrait mesurer vers B, chercher le point M, d'où seraient élevées les perpendiculaires MD, MG, et arrêter la distance en M; ensuite il faudrait mesurer ces perpendiculaires; de M, après avoir trouvé le point N, il faudrait mesurer MN et la perpendiculaire NE; enfin de N, il faudrait mesurer en O jusqu'à la sortie de la pièce, de O en B, et ensuite de B et F.

Mais il ne suffit point de faire ces mesures, il faut encore savoir tracer sur le papier la figure du terrain, les perpendiculaires, et savoir écrire leur longueur. Cette espèce de dessin n'offre pas de difficultés, parce qu'il peut être plus ou moins bien fait ; cependant il faut en acquérir l'habitude, et pour la faciliter, nous dirons : Qu'on doit toujours tenir le papier de manière à ce que la base qu'on commence par tracer soit dans la direction de celle qu'on mesure, et qu'alors il n'y a qu'à figurer des perpendiculaires à droite ou à gauche de cette ligne, suivant que les perpendiculaires qu'on trace sur le terrain sont à droite ou à gauche de la base jalonnée ; enfin qu'il faut copier plusieurs fois les figures que nous donnons pour exemple ; car cet exercice fera plus que tous les détails dans lesquels nous pourrions entrer à cet égard. Tous ceux à qui nous dédions cet ouvrage devront d'autant moins regreter le peu de temps qu'ils consacreront à ce travail, qu'ils se mettront également à même de figurer assez exactement le plan des localités qui, par suite de procès ou autres actes, devraient être connues de MM. les juges, avocats, avoués ou notaires.

Ici se terminent toutes les opérations mécaniques qu'on a à exécuter dans l'arpentage ;

et comme nous pensons que, si on se donne la peine d'y réfléchir un instant, on sera à même de les exécuter sur le terrain, nous allons faire voir comment elles concourent à la mesure des surfaces, après avoir fait connaître les signes que nous emploierons pour rendre la marche des calculs plus sensible.

Ce signe + tient lieu du mot *plus* et indique la réunion des quantités qu'il sépare. A + B signifie que le nombre représenté par A doit être ajouté au nombre représenté par B. Par conséquent, au lieu d'écrire que le nombre 15 doit être ajouté au nombre 20, nous écrirons 15 + 20, et alors, en additionnant, on aura 35.

Ce signe — signifie *moins* : il indique la soustraction ou la différence de deux quantités. 82—30 veut dire que le nombre 30 doit être soustrait du nombre 82, ou qu'il reste 52.

Ces deux traits = désignent l'égalité des quantités qu'il séparent. Ainsi, pour dire que la ligne AB égale la ligne CD, on écrit AB = CD; pareillement pour exprimer que le nombre 3, plus 15, égalent 18, on écrit 3 + 15 = 18.

Ce signe × tient lieu du mot *multiplié par*. Par conséquent 115 × 30 signifie que le nombre 115 doit être multiplié par le nombre 30, ou qu'il faut obtenir le produit de ce nombre, qui est 3450.

Dans le même calcul, tous ces signes peuvent être réunis : car on peut avoir le nombre 20 + 15 — 3, ou 32 × 40 = 1280, c'est-à-dire, 20, plus 15, qui égalent 35, duquel nombre, en retranchant 3, reste 32, qui, multipliés par 40, égalent 1280.

MESURE DES SURFACES.

Arpenter ou mesurer une surface, c'est chercher combien de fois elle en contient une autre dont on se représente facilement l'étendue, telle que celle d'une toise carrée, d'une perche carrée, ou d'un mètre carré. Lorsque les figures à arpenter sont irrégulières, on ne peut parvenir à trouver ce résultat, comme on le verra bientôt, qu'en les décomposant en carrés, triangles ou trapèzes.

On appelle carré une figure semblable au n°. 7, qui a tous les côtés égaux et perpendiculaires l'un sur l'autre.

Carré long la figure 8 qui, comme la précédente, a ses côtés perpendiculaires, mais qui n'a que les côtés opposés égaux.

On appelle trapèze la figure 9, qui a deux côtés inégaux AB, CD, mais perpendiculaires à BC.

Enfin, on appelle base la ligne sur laquelle on élève les perpendiculaires.

Au lieu de dire que deux côtés sont perpendiculaires à une ligne, on peut dire qu'ils sont parallèles entr'eux. Ainsi les côtés AB, CD des trois figures précédentes sont parallèles. Il en est de même des côtés AD, BC des deux premières figures, mais non de la troisième : car on voit que AD n'est perpendiculaire ni à la ligne AB, ni à la ligne CD.

La surface de ces trois figures est facile à

déterminer; car, sans distinction, on n'a pour chacune d'elle qu'à ajouter la longueur des côtés parallèles, à multiplier la somme par la base et à prendre la moitié du produit. Ainsi, pour la première, on n'aura pas quatre fois 25 qui égalent 100, comme des gens le pensent, mais 50, provenant des côtés parallèles 25 et 25, multipliés par la longueur de la base 25, ce qui donne 1250, dont la moitié, 625, sera la surface (1).

Pour la seconde, si l'on a mesuré les côtés

---

(1) On sera surpris que, pour donner le moyen de trouver la surface du carré, j'indique qu'il faut prendre la moitié du produit de la somme des côtés parallèles par la base, quand plus simplement les côtés parallèles étant égaux, on n'a qu'à multiplier l'un d'eux par la base; mais j'observerai, 1°. que c'est pour ramener les calculs à cette simplicité qui exclut la distinction qui devrait exister entre le carré et le trapèze; 2°. pour trouver d'abord un produit qui, comme celui qui résulte des dimensions du triangle, soit double de la surface à trouver, afin de pouvoir les réunir et de n'avoir besoin que de prendre la moitié des totaux.

AB, CD, BC, et qu'on ait trouvé 12 pour chacun des premiers, et 80 pour la base, on aura 12 + 12 ou 24, multiplié par 80, ce qui donnera 1920, dont la moitié 960, ou 9 ares 60 centiares, sera la surface.

Enfin, si dans la troisième on a trouvé la longueur du côté AB de 30 mètres, celle de CD de 22 mètres 4 décimètres, et celle de BC de 18 mètres 5 décimètres, on aura 30 + 22,4, ou 52,4 a multiplier par 18,5, ce qui donnera 969,40, dont la moitié 484,70, ou 4 ares 84 centiares 70, centième d'are sera la surface.

On appelle triangle une figure qui a trois côtés, comme les figures 10, 11, 12, dont les points A, B, C, communs à deux côtés, sont les sommets des angles.

Dans la première, si sur BC on élève une perpendiculaire DA qui aboutisse au sommet A, BC sera la base du triangle, AD sa hauteur, et sa surface sera égale à la moitié du produit de ces deux lignes.

Ainsi, si la base égale 90 mètres 6 décimètres, et la hauteur 20 mètres, en multipliant

	90,6 par
	20
on aura	1812,0
dont la moitié sera la surface.	906, ou 9 ares 6 centiares,

Cette même surface pourrait s'obtenir différemment ; car si la distance BD égalait 48 mètres, et celle DC 42,^{m}6, on n'aurait qu'à prendre la moitié de la somme des produits de 48 par 20, et 42,6 par 20. En effet,

48		
× 20		
= 960	ci. . . .	960
42,6		
× 20		
= 852,0	ci. . . .	852
Total.		1812
dont la moitié.		906,

présente le même résultat que ci-dessus.

Quel que soit le triangle, comme sa surface sera toujours égale à la moitié du produit de sa base par sa hauteur, il n'y a qu'à savoir distinguer ces deux lignes. Or (fig. 11), si le coté AB est perpendiculaire à BC, le triangle sera ce qu'on appelle rectangle, et alors la longueur d'une de ces lignes pouvant être prise pour la base et l'autre pour la hauteur, on aura en supposant AB de 82^{m} et BC de 117,^{m}8, 117,^{m}8 × 82 = 9659,6, dont la moitié, 4829, ou 48 ares 29 centiares, sera la surface (1).

Dans le triangle (figure 12), on pourrait prendre AB pour base, et sur cette ligne d'un point G, tracer la perpendiculaire GC, qui serait la hauteur. Mais si les localités étaient telles que la ligne BC dût être prise pour base, il n'y aurait qu'à élever du point D, pris sur le prolongement de la ligne BC, la perpendiculaire DA, qui alors serait la hauteur.

Dans le premier cas, la surface du triangle serait égale à la moitié du produit de la longueur AB par la longueur GC, et, dans

---

(1) D'après la définition de ce triangle, on doit remarquer que le triangle (fig. 10) est décomposé en deux triangles-rectangles.

le second, à la moitié du produit de la longueur BC par la longueur AD.

Par conséquent, si BC égalait 112 mètres et AD 134, on aurait

$$\begin{array}{r} 112 \\ \times \quad 134 \\ \hline 448 \\ 336 \\ 112 \\ \hline = \quad 15008 \end{array}$$

dont la moitié, ... 7504, ou 75 ares 04 centiares, serait la surface.

Si de la surface du triangle ADB on retranchait celle du triangle ADC, il resterait la surface du triangle ABC. Pour parvenir numériquement à ce résultat, il faudrait ajouter 112 mètres à 83,^{m}5, et multiplier le total par 134; ensuite il faudrait multiplier 83,^{m}5 par 134, soustraire ce produit du précédent, et prendre la moitié de la différence.

L'application de pareilles soustractions se présente toutes les fois qu'on est forcé d'entrer dans les terres qui limitent celles qu'on arpente, pour pouvoir élever des perpendiculaires sur certains points, parce qu'alors on est obligé de retrancher les triangles ou les trapèzes que ces lignes forment.

La figure 6 nous en offre déjà un exemple ; car, pour élever la perpendiculaire sur le point F, ayant dû sortir de la pièce ACFG, nous devons retrancher du trapèze ENBF le triangle FBO. Or, pour avoir la surface du trapèze, si EN égale 34, FB 53, OB 20, et ON 35, on a :

34 + 53 =	87
× 20 + 35 =	55
	435
	435
Total. . .	4785
dont la moitié.	2392,5, est la surface.

Pour la surface du triangle :

on a 53

× 20

= 1060

surface 530 ci. 530

et il reste. . . 1862,5, ou 18 ares 62 c. 5.

pour la portion du trapèze qui fait partie de la figure. On aurait obtenu le même résultat sans prendre la moitié des totaux, en prenant la moitié de leur différence.

Tels sont les élémens qu'il faut connaître pour arpenter; et l'on voit qu'ils sont réduits à un bien petit nombre, puisqu'il faut seulement savoir jalonner des lignes, les mesurer, élever des perpendiculaires, et enfin savoir trouver la surface d'un triangle et d'un trapèze. Nous allons donc maintenant passer à leur application.

L'arpentage, qui devrait être familier à tous les propriétaires, parce qu'une infinité de circonstances les mettent dans la nécessité de savoir déterminer l'étendue des surfaces, ne présente plus qu'une difficulté : celle de savoir décomposer les pièces en triangles carrés ou trapèzes, puisqu'alors leur étendue est égale à celle de toutes ces figures. Mais cette difficulté peut être facilement vaincue; car on n'a, comme on l'a déjà vu dans la figure 6, qu'à élever des perpendiculaires aux divers points du contour, sur une ou plusieurs lignes prises pour base, n'importe leur position, parce que pouvant être prises dans les pièces, hors des pièces, ou sur l'un des côtés, on peut par une infinité de moyens, parvenir au même résultat.

En effet, pour arpenter la pièce représentée par la figure 13, après avoir placé des jalons sur le côté AB, qu'on prendrait pour base, ainsi que sur les points C, D, on n'aurait qu'à mesurer de A en E et à élever et mesurer la perpendiculaire ED; à mesurer de E en F et à élever et mesurer la perpendiculaire FC; enfin à mesurer FB, pour décomposer la figure en deux triangles et un trapèze. Ainsi, pour avoir sa surface, en supposant que les nombres de mètres obtenus par les mesures fussent représentés par les nombres qu'on voit sur les lignes, on aurait :

27 × 76	= 2052
76 + 70 ou 146 × 98	= 14308
70 × 14	= 980
Total. . . .	17340
dont la moitié, ...	8670 serait la surface.

Pour arpenter la même pièce (fig. 14), au lieu de AB pour base, on pourrait prendre AC, mesurer et élever les perpendiculaires selon l'ordre des numéros qui désignent ces lignes ; et alors, en supposant que ces mêmes numéros expriment les longueurs obtenues, la surface serait égale à la somme des quatre triangles, ou à

	1	× 2	=	2
1 + 3 ou	4	× 4	=	16
	4	× 5	=	20
3 + 5 ou	8	× 2	=	16
		Total. . .		54

dont la moitié, . . 27, serait la surface.

D'après ce qui a été dit, cette même surface serait encore égale à la somme des deux triangles ABC, ADC, ou à

1 + 3 + 5 ou 9	× 4	=	36
1 + 3 + 5 ou 9	× 2	=	18
	Total . .		54

Surface. . . 27, comme ci-dessus.

Enfin, pour arpenter cette même pièce (fig. 13), au lieu de prendre AB ou AC pour base, on pourrait prendre la ligne CD ou tout autre côté, puisqu'en prolongeant cette ligne et élevant les perpendiculaires GB, HA aux points A, B, la surface de cette pièce serait égale à celle du trapèze AHGB, moins celle des triangles BGC, ADH, qu'on prendrait de trop; or, en supposant que la série des numéros qui désigne l'ordre selon lequel on a mesuré et élevé les perpendiculaires, exprime les longueurs, cette surface est égale à

$$
\begin{array}{rr}
 & 2 + 10 = 12 \\
\times & 4 + 6 + 8 = 18 \\
\hline
 & 96 \\
 & 12 \\
\hline
\text{Total. . . .} & 216 \\
\text{moins } 2 \times 4 = 8 & \\
10 \times 8 = 80 & \\
\hline
\text{88 ci. . . .} & 88 \\
\hline
\text{Reste. . .} & 128 \\
\text{Dont la moitié, . .} & 64, \text{ est la surface.}
\end{array}
$$

Si la pièce à arpenter présente les irrégularités de la fig. 16, on commence d'abord par les faire disparaître en jalonnant les lignes AB, BC, CD, le long du contour; ensuite, en prenant ces lignes pour base, on élève les perpendiculaires nécessaires pour décomposer ce contour en lignes droites, et l'on mesure ces perpendiculaires et leur distance entr'elles, comme cela est exprimé par l'ordre des numéros. (Voyez cet ordre.)

Quand ces opérations sont faites, il faut prendre une autre ligne AM pour base, et, sur cette ligne, élever et mesurer les perpendiculaires dirigées sur les jalons B, C, D, E, F, G, qui marquent les extrémités des autres lignes.

Cela fait, il ne reste qu'à faire les calculs; mais, afin de ne pas omettre de triangles ni de trapèzes dans le total, on écrit le produit de leur dimension dans les triangles et les trapèzes mêmes; ensuite on fait la somme de ces produits et l'on en prend la moitié. Pour faciliter ce genre de calcul et faire voir l'ordre qu'on peut suivre, nous allons les exécuter ci-dessous, en supposant toujours que les numéros tiennent lieu des chiffres qui exprimeraient la longueur des lignes mesurées. Ainsi, comme pour élever des perpendiculaires, on a dû entrer dans les pièces contiguës, il faut commencer par trouver le total des parties à retrancher. Or :

$$1 \times 2 = 2$$
$$20 \times 21 = 420$$
$$32 \times 33 = 1056$$

Total à soustraire. . . 1478

Ces calculs faits, on cherche, comme ci-dessous, la surface totale.

		hec.	ares.	cent.
$2 + 4 =$	6			
$\times\ 1 + 3 =$	4			
	24 ci. .	0	0	24
$4 + 6 =$	10			
$\times$	5			
	50 ci. .	0	0	50
	6			
$\times$	7			
	42 ci. .	0	0	42
	10			
$\times$	9			
	90 ci. .	0	0	90
		0	02	06

Ci-contre. . . 0 h. 02 ar. 06 c.

$9 + 12 =$	21			
$\times\ 8 + 11 =$	19			
	189			
	21			
	399 ci. .	0	3	89
$12 + 14 =$	26			
$\times$	13			
	78			
	26			
	338 ci. .	0	3	37
	16			
$\times$	15			
	80			
	16			
	240 ci. .	0	2	40
$16 + 18 =$	34			
$\times$	17			
	238			
	34			
	578 ci. .	0	5	78
		0	17	50

ci-contre. . . 0 h. 17 ar. 50 c.

18 + 21 = 39
× 19 + 20 = 39

351
117

1521 ci. . 0 15 21

21 bis.
× 22

42
42

462 ci . 0 4 62

22 + 26 = 48
× 23 + 25 = 48

384
192

2304 ci. . 0 23 04

26 + 33 = 59
×27+29+31+32=119

531
59
59

7021 ci. . 0 70 21

1 30 58

ci-contre. . . 1 h. 30 ar. 58 c.

21bis + 23 = 44
× 24

176
88

1056 ci. . 0 10 56

24 + 28 = 52
× 25 + 27 = 52

104
260

2704 ci. . 0 27 04

28 + 30 = 58
× 29

522
116

1682 ci. . 0 16 82

30
31

930 ci. . 0 9 30

Total. . . . 1 94 30

	h.	ar.	c.
Total précédent . . .	1 h.	94 ar.	50 c.
Pour les parties extérieures à retrancher		14	78
Reste. . . .	1	79	52
dont la moitié. . . .	0	89 ares	76 cen.

est la surface de la pièce arpentée.

Si la pièce à arpenter formait des *haches*, on la diviserait par parties; on arpenterait chacune d'elles, et on ajouterait les totaux. Par ce moyen, il n'y a pas de figure, quelqu'irrégulière qu'elle soit, qu'on ne puisse facilement parvenir à mesurer.

PARTAGE DES CHAMPS.

Pour partager le champ ABCD (fig. 17) en deux parties égales, il faut d'abord commencer par jalonner une ligne EG dans la direction de la division qu'on veut établir, de sorte que les deux parties ABEG, GECD soient à-peu-près égales. Cela fait, après avoir arpenté séparément chacune de ces parties, il faut soustraire la plus petite de la plus grande, et prendre la moitié de la différence, pour l'ajouter à la plus petite.

Ainsi, si la deuxième partie GECD égale 80 ares 50 centiares, et celle ABEG 75 ares 80 centiares, leur différence étant de 4 ares 70', la demi-différence, 2 ares 35, sera la surface qu'il faudra ajouter à la plus petite. Pour cela, après avoir mesuré la longueur de la ligne EG, qui égale, par exemple, 82 mètres, on divise la demi-différence, 235, par ce nombre, et l'on trouve 2 mètres 86 centimètres; on porte cette longueur de E en F, et de G en H, et ensuite on tire la ligne FH, qui devient la ligne de division.

PARTAGER LA PIÈCE

REPRÉSENTÉE PAR LA FIGURE 18, EN TROIS PARTIES ÉGALES.

Après avoir, par approximation, tracé les lignes EF, KL, qui doivent former les parties, il faut arpenter séparément ces parties, ensuite faire leur somme et en prendre le tiers, pour exprimer la grandeur que chacune d'elles doit avoir. Ainsi, si

La première égale	80 ares	70 cent.
La deuxième,	85	12
La troisième,	97	30
La somme sera égale à 2 h.	63 ares	12 cent.
Et le tiers à »	87	70

Cela fait, en prenant la différence 87, 70, à 80, 70, on trouvera qu'il faudra ajouter 7 ares 00 centiares à la première partie

Pour y parvenir, on divisera ce dernier nombre par la longueur de EF, que nous supposons de 120 mètres 5, et on trouvera 5 mèt. 8 déc. On portera cette longueur de E en G, et de F en H, et ensuite on tracera la ligne GH, qui limitera la première partie.

La deuxième partie était de 85 ares 12 centiares; mais, comme on en a retranché 7 ares pour les ajouter à la première, cette seconde n'étant plus que de 78 ares 12 centiares, est plus petite de la différence de ce nombre à 87 ares 70 centiares ou de 9 ares 58 centiares. Or, pour y ajouter cette surface, il n'y a qu'à diviser 958 par la longueur de KL, qui, étant, par exemple, de 115 mètres, donne un quotient de 8 mètres 3 décimètres et demi. Cette dernière longueur trouvée, on la porte de K en N, et de L en M, et on tire la ligne MN, qui devient celle qui régularise les deux dernières parties.

MOYEN

DE RÉGULARISER LES LIMITES D'UNE PIÈCE.

S'IL s'agissait de régulariser la pièce de terre représentée par la figure 19, ou de faire disparaître les courbes A F E D, on commencerait par jalonner une ligne DG, telle que la partie GAH qu'on abandonnerait, fût à-peu-près égale à la partie HFED qu'on prendrait. Ensuite, sur cette ligne DG pour base, on éleverait les perpendiculaires nécessaires pour décomposer les courbes en lignes droites, et arpenter chacune des parties.

Si elles étaient égales, la compensation ayant lieu, la pièce serait limitée par la ligne DG ; dans le cas contraire, si la partie HFED, par exemple, était plus grande que la partie

GAH de 3 ares 47 centiares, on diviserait ce nombre par la longueur de la ligne DG ; si elle était de 160 mètres, on trouverait 2 mètres 16, et alors on mesurerait de D en K et de G en L une distance égale à 2 mètres 16 centimètres, et on tracerait la ligne KL, qui, à une très petite différence près, serait la nouvelle limite.

Si le point D, où serait une borne, devait toujours être la limite de la pièce, on porterait de G en M, perpendiculairement à DG, le double de 2 mètres 16 centimètres ou 4 mètres 32 centimètres, et on tracerait une ligne de D en M.

Cette dernière opération ne serait pas rigoureusement exacte, puisqu'on n'aurait pas tenu compte du triangle GLM ; mais sa surface donnerait si peu de chose, qu'on pourrait ne pas y avoir égard. En effet, GM égalant 4 mètres 32, si LM égalait 3 mètres, on aurait 4 mèt. 32 × 3 mèt. = 12 mèt. 96, dont la moitié, 6 mèt. carr. 48, serait la surface qui, divisée par la longueur de la ligne DG ou par 163^{m} environ, ne donnerait que 4 centimètres.

Cependant, si on voulait en tenir compte, on reculerait perpendiculairement le point L du double de ce nombre, ou de 8 centimètres, et par ce nouveau point et par le point D, on tracerait la nouvelle ligne de division.

Pour faire sentir les motifs de cette opération, nous observerons qu'un triangle, n'étant que la moitié d'un carré qui a même base et même hauteur, pour transformer un carré en un triangle de même base, on doit donner à ce triangle une hauteur double de celle du carré.

Dans tous les cas, il ne faut pas perdre de vue que, pour trouver l'étendue d'une surface, on ne peut en multiplier les dimensions que lorsqu'elles sont perpendiculaires entre elles, et que l'on commettrait une erreur toutes les fois qu'elles ne seraient pas telles.

FIN.

BOURGES, IMP. DE Mme. Ve. SOUCHOIS ET Ce.

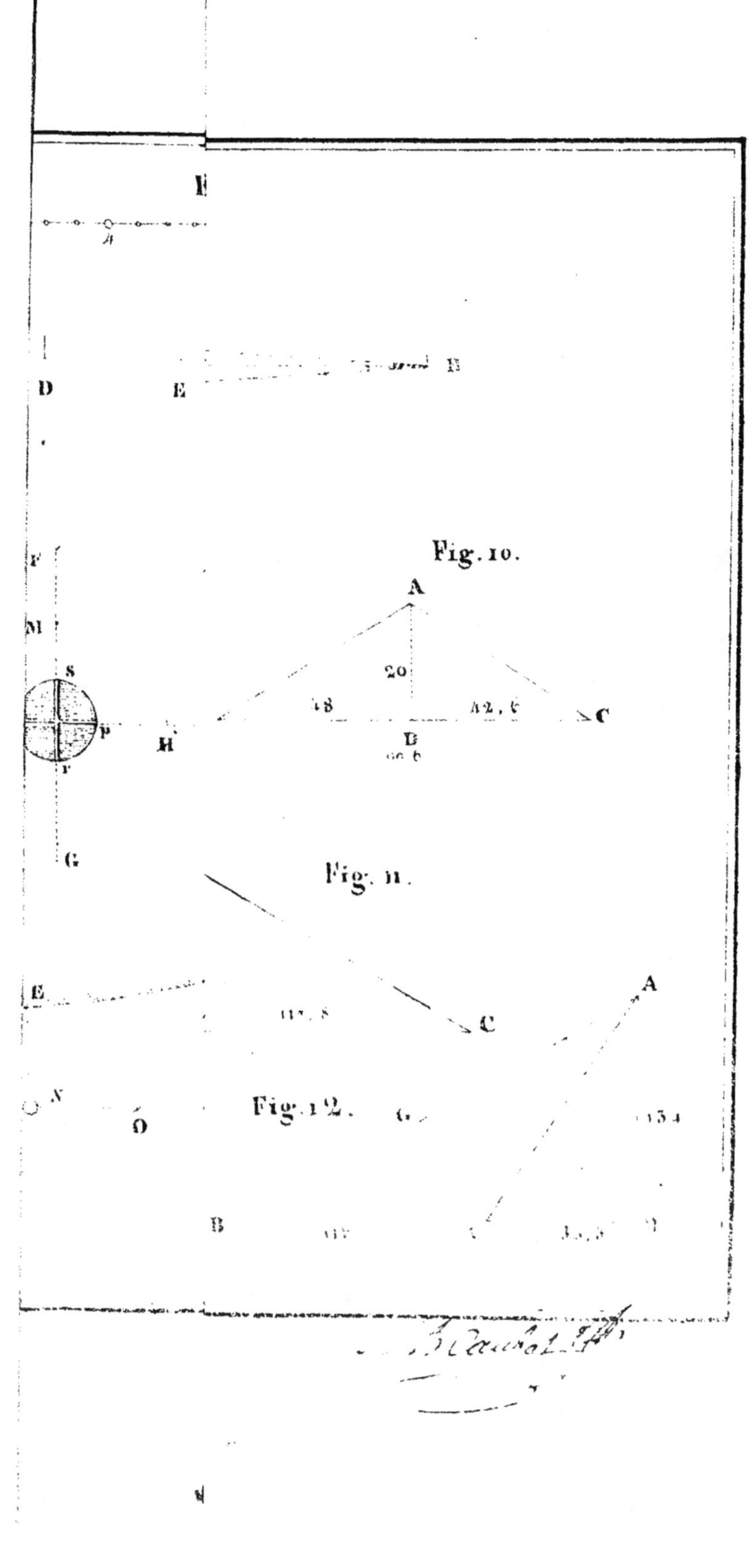
Fig. 10.
A
20
48
42, 6
C
H
D
Fig. 11.
C
E
A
Fig. 12.
O
B

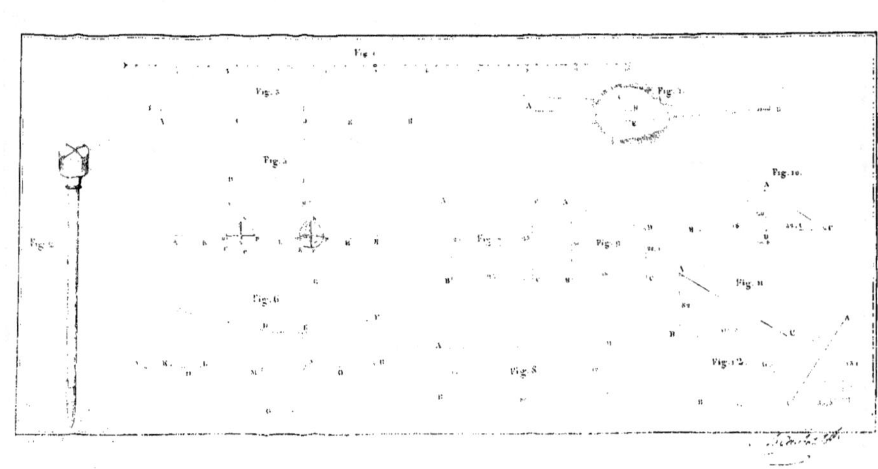

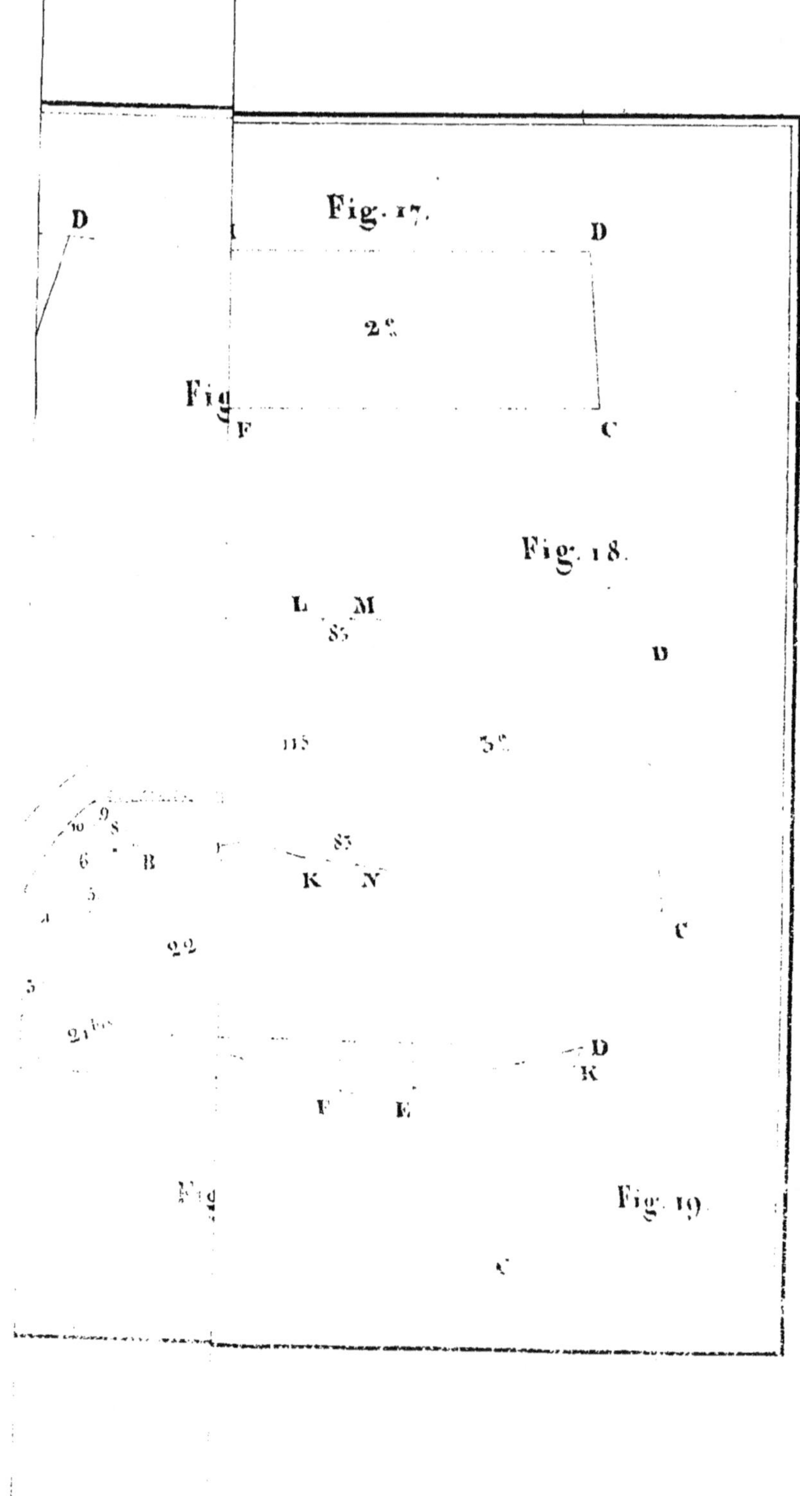
Fig. 17.
D
D
2°
Fig
F
C
Fig. 18.
L
M
D
K
N
C
B
22
D
K
F
E
Fig. 19.
C

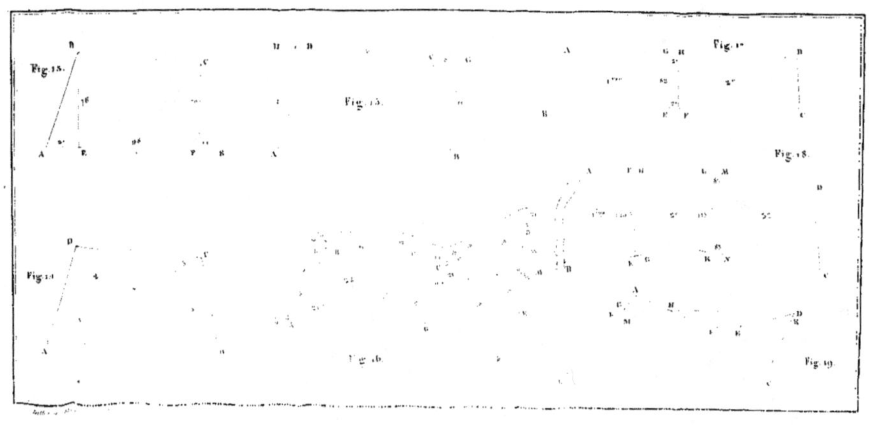

www.ingramcontent.com/pod-product-compliance
Lightning Source LLC
LaVergne TN
LVHW020048170826
845678LV00001B/489

* 9 7 8 2 3 2 9 6 9 0 1 2 4 *